DATANMI ZHILU

大探秘之旅

地形的骨架

DIXING DE GUJIA

知识达人◎编著

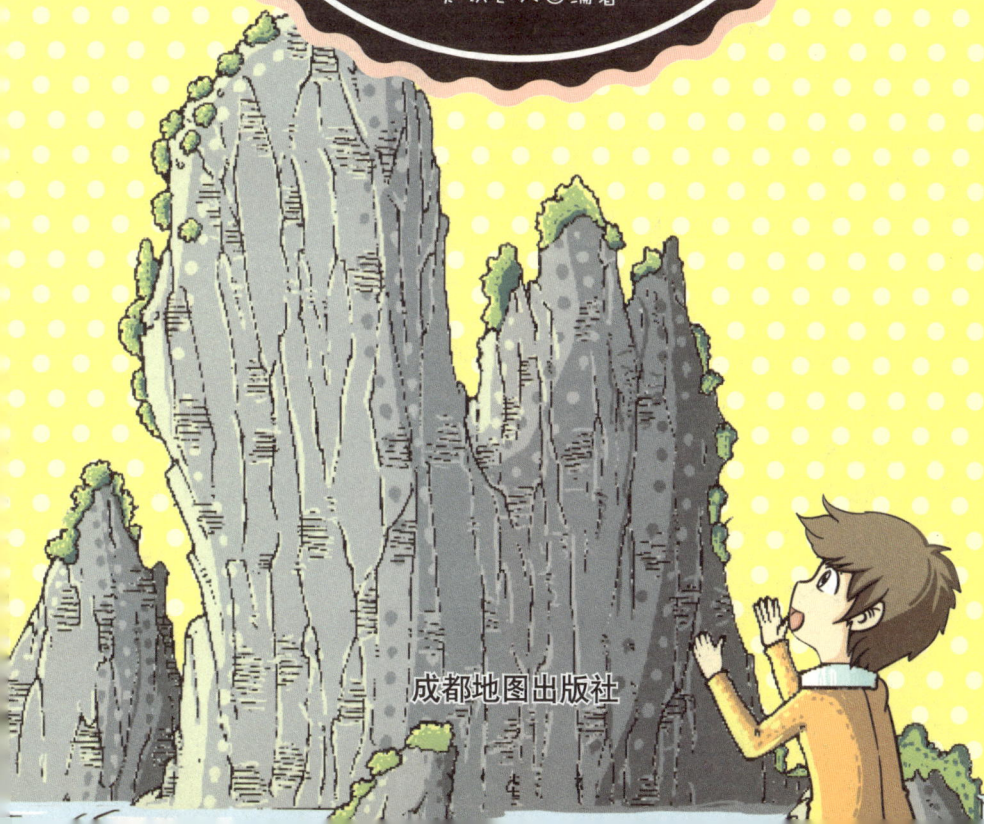

成都地图出版社

图书在版编目（CIP）数据

地形的骨架 / 知识达人编著 . — 成都 : 成都地图
出版社 , 2017.1（2021.10 重印）
（大探秘之旅）
ISBN 978-7-5557-0472-0

Ⅰ . ①地… Ⅱ . ①知… Ⅲ . ①山脉 – 普及读物 Ⅳ .
① P941.76-49

中国版本图书馆 CIP 核字 (2016) 第 210847 号

大探秘之旅——地形的骨架

责任编辑：	吴朝香
封面设计：	纸上魔方

出版发行：成都地图出版社
地　　址：成都市龙泉驿区建设路 2 号
邮政编码：610100

印　　刷：固安县云鼎印刷有限公司
（如发现印装质量问题，影响阅读，请与印刷厂商联系调换）

开　　本：710mm×1000mm　1/16	
印　　张：8	字　　数：160 千字
版　　次：2017 年 1 月第 1 版	印　　次：2021 年 10 月第 4 次印刷
书　　号：ISBN 978-7-5557-0472-0	
定　　价：38.00 元	

目录

你听过岱宗坊的传说吗　1

黄山，神仙居住的地方　7

我可是山中的"文化人"　13

朝现夕隐的圣米歇尔山　19

山岳中的冰川之王就是我　25

如同爬楼梯一样生长在比利牛斯山的植物　30

"喜怒无常"的珠穆朗玛峰　35

别惹我，小心我会爆发哦　40

非洲的山脉，你们谁敢跟我比高　45

戴着银白色雪冠的美丽公主　50

我可是上帝的餐桌哦　55

蓝色的浪漫之山　60

呜呜，我被上帝遗弃了　65

目录

哼哼哈嘿，看我少林功夫　70

我"仙山"的称号可不是浪得虚名哦　76

五台山，皇帝眼中的"香饽饽"　81

从前有座龙虎山，山里有个象山书院　85

张大千的"老师"　90

江南小武当　95

承让，承让，我乃中国道教第一山　99

看，我跟金字塔像不像"兄弟"　104

嘻嘻，大家都叫我"白雪女神"　110

梅里雪山的"雨崩瀑布"好壮观啊　115

知道我为什么叫"睡美人山"吗　120

你听过岱宗坊的传说吗

你一定学过"会当凌绝顶，一览众山小"这句诗吧？那么你知道它说的是我国的哪座大山吗？告诉你吧，它就是我国号称"五岳之首"的泰山哦！

那么它为什么被称作是"五岳之首"呢？你听说过盘古开山辟地的传说吧？传说，盘古的身体化成了万物，他的四肢和头化成了五座大山，泰山就是由他的头变化而

来的！于是泰山便成为五岳之首了。

既然被人们认定泰山是众山的统领，自然它的地位也不一般。它恢弘的气势更是吸引了大批雄心勃勃的皇帝，要知道，包括秦始皇在内可是有近百位皇帝曾在这里举行过封禅仪式呢！

除了历朝的帝王将相之外，泰山也接待过

无数的文人墨客，他们也都被泰山的气势所震撼，留下了许多的名篇力作。而且，据说这里还曾有外星人光临呢。在《礼记》和《墨子》当中还有相关的记载呢！可惜的是除非有时光机，否则我们是没有办法考证的。

　　不过你还是可以到泰山去探索一番，找找线索哦！即使没有也不会白走一遭的，毕竟那里有很多著名的景点，像桃花峪、泰山岱顶、南天门和岱宗坊，都是赫赫有名的景点哦！

走进桃花峪当中，你就能理解什么是"世外桃源"了，那儿可没有城市的喧嚣，有的都是最美丽、最纯粹的自然风光，一点人工雕琢的痕迹都没有，全是浑然天成的呢。而被称为"岱顶"的就是泰山的山顶了。好不容易到"五岳之首"去走一遭，不登上顶峰怎么能体会"一览众山小"的感觉呢？从那里能看到云海，就如同置身仙境一般！

　　而南天门则离山顶非常近。你看过西游记吧，那里面的南天门可是天宫的入口呢，而泰山的南天门在传说中也是仙界的入口哦。

　　不过在众多景点中最有名的还是岱宗坊，它就像是泰山的标志一般，要是

不去那里一定会有遗憾的！据说岱宗坊可是联系着人间和天庭的虹桥呢。

你听说过岱宗坊的传说吗？传说它是"泰山娘娘"碧霞元君所建造的呢！据说碧霞元君是玉帝的女儿，居住在泰山，不过仗着自己"皇亲国戚"的身份，她总是扩张自己的势力范围。后来姜子牙使计将她的势力范围定在了泰山，她为了出气便在山脚建造了岱宗坊。据说想要上天庭的人必须从这里一步一步地走上去呢！

岱宗坊实际上是一个古代的牌楼，这个牌楼是明朝时期修建的。在这个牌楼的东面和北面是两座庙，可惜的是现在已经见不到了，因为就在新中国成立后不久，这两座庙就被拆掉了。其实岱宗坊的附近不光只有两座庙，曾经在它周围有着不少的点缀，可惜随着岁月的流逝，都被拆除了。所以我们也只能从一些历史照片里找到它们的踪影了。

但即使没有那些建筑的点缀，岱宗坊仍旧非常出色哦！无论是从建筑方面、审美方面，亦或是文化方面，岱宗坊的贡献都不小呢！它是泰山的起点，更是泰山的门面。你要是到泰山游玩，除了要去岱顶留影，岱宗坊的纪念照也不能不拍哦！

黄山，神仙居住的地方

　　在我国的传说当中，有的神仙是居住在天宫中的，而有的神仙则划地为王，在人间选了一方水土。也就是说，很多地方都曾是"仙人"的居所哦！就拿黄山来说吧，它就被认为是神仙居住过的地方呢！

　　不过这座山可有些与众不同，因为它不像泰山那样有着碧霞元君这样的"代言人"，而且没有关于哪位神仙曾在这里居住的记载。那为什么它仍旧被认为是神仙居住过的地方呢？

说到底，还是因为它亦真亦幻的奇特景色才让人们这样认为的。

　　这座穿越了2亿年历史的大山经过了岁月的打磨，有着云海、温泉、奇松和怪石这"四绝"。

　　你一定看过很多影视作品吧！无论是电影还是电视剧，里面的神仙都生活在云雾缭绕的仙境当中。

　　而黄山正是有着这样的云海，也许正是因

为这样，它才会被认为是神仙的居所吧。你可不要以为只有神仙才能居住在这样的地方，只要到黄山走一遭，任谁都能当一回"神仙"呢！

第二个特色就是温泉了。黄山的温泉坐落在离黄山大门不远的位置，也就是说它是我们进入黄山所能见到的第一景哦！温泉对身体的保健作用想必你一定有所了解，黄山的这处温泉除了可以沐浴之外，直接饮用也是可以的哦！这样特别的温泉你没见过吧？

其实黄山曾经叫作黟山，不过据说我国的黄帝在这里修道成仙，它便更名成为了黄山。你知

道吗，据说他就是在这处温泉当中沐浴了七七四十九天才得道成仙的哦！所以这处温泉便以"灵泉"的称号扬名了。虽然这只是一个传说，不过黄山的温泉水确实有着一定的保健作用呢。

温泉也看完了，要看就要看黄山的"代言人"了，是谁呢？你一定猜到了，就是迎客松！没错，黄山这个地方不得不说是人杰地灵啊，就连松树都不同凡响！实际上除了迎客松，黄山上还有很多松树，而且都冠着"黄山松"的名号，也就彰显出它们的与众不同了。

怎么个不同法呢？如果你去过黄山，就一定能够回答这个问题。黄山的松树大多数是长在悬崖峭壁上的！别说大树了，就连小草都难从石头缝里冒头呢。从这点来看，这些松树也的确称得上是"奇松"了。这也不得不让我们怀疑它们真是居住在这里的神仙们栽种的呢！

不过关于黄山的传说，最多的还是有关它的嶙峋怪石的。很多石头都有着自己的传说！像是飞来石啊，仙人晒鞋啊，等等。不过其中最有名的还是"猴子观海"。

"猴子观海"是一块酷似猴子的石头。这下你想到的是不是孙悟空啊？它也算得上是一只"石猴"，没准它们还真是"亲戚"呢。不过传说可不大一样，据说这只石猴曾是一只修炼了千年的灵猴，虽然没有孙悟空的七十二般变化，却也掌握了三十六种变化。

为了和心爱的姑娘相守，它变成了一个玉面书生。然而就在成亲的那天，他醉酒变回了原型。姑娘恼怒之下便回娘家去了。这只灵猴便天天坐在一块石头上望着姑娘村子的方向，时日久了，最终化成了一只石猴。

当然啦，黄山上的怪石美景还多着呢，传说也数不胜数。想知道神仙住的地方长什么样，想多听些黄山的传说的话，还是要亲自到黄山去一趟呢！

我可是山中的"文化人"

　　我们都知道，想要看自然景观就要到大山中去，而要看人文景观自然要到古城等地方去。那我们要是既想看自然景观，又想看人文景观呢？其实呀，大山中就未必没有文化的传承！你瞧，武夷山不就正是这样的一个例子吗？

　　先从自然方面来说好了。大山不是一两天就形成的，甚至比城池的建造还要久得多，因此从山中可以发现那些没有人类记载的自然历史；而另一方面，武夷山又是已经消失不

见的古文明的最佳见证，也正是这样，它进入了《世界遗产名录》当中。

山水美景使得武夷山吸引了众多的文人墨客，他们到此不仅是游历，有的甚至是在此居住。要知道，武夷山可是有不少书院的遗址呢！那些名家说不定就曾在哪个书院中为学生排疑解惑过呢！除了书院的遗址之外，武夷山其他的人文景观也非常多，比如堪称我国书法艺术宝库的摩崖石刻等。

武夷山众多的人文景观主要体现了这里的古闽越文化。武夷山有着古汉城的遗址。在大山当中有庙

宇、古塔倒也算是正常的，
不过有着一个古城却是极其少见的，而武夷山就是这样的一个文化氛围浓厚的地方。在武夷山发现的古汉城遗址占地有40多万平方米，这样的规模足以让我们震憾。

　　不仅如此，在古城的遗址当中还出土了很多非常珍贵的文物，这些文物让世人们知道了当初这个古城的居民曾有着非常先进的生产力呢！

　　除了文物和建筑之外，古闽越文化的另一个代表就是架壑船棺了，这反映了当时人们的殡葬文化哦！他们的殡葬文化非常有特色，棺材是船型的，并且放置在悬崖峭壁的洞穴当中。能够将如此巨大的棺材放入到峭壁的洞穴当中，让我们不得不佩服先人的智慧！

　　你可不要以为武夷山是一个沉闷的地方，武夷山除了古代闽越文化之外，还有一种贯穿了我国千年的文化在这里传承着，那就是茶文化了。武夷山和茶有什么关系呢？想必你听说过大红袍吧！大红袍属于乌龙茶的一种，既有红茶甘甜、浓郁的味道，也不失绿茶的清香，可以说是茶叶当中的上品。这种优质的茶叶就来自于武夷山哦！

武夷山是大红袍的故乡，有着浓厚的茶文化。那为什么大红袍会诞生在武夷山呢？你可能还不知道，武夷山是世界上生物多样性的一个保护区域，有着比较完整的，也是同纬度最大的热带原生森林系统。

　　武夷山气候湿润，适宜植物生长，有着"三三秀水清如玉，六六奇峰翠插天"这样的说法，也就是说这里山美水美。其中"三三秀水"所指的九曲

溪还是武夷山的一大景观呢！

这样优渥的环境造就出深厚的文化自然景观就不稀奇啦，难怪要说武夷山是山中的"文化人"呢！

武夷山与名人朱熹的渊源

很多名人都曾在武夷山居住，朱熹就是其中之一。他是我国宋朝时期的一位名人，著有《四书集注》《诗集注》等著作。要知道，他在14岁时就到了武夷山，被美景吸引，然后定居在了这里，直到70多岁去世都未曾离开过武夷山。

朝现夕隐的圣米歇尔山

　　说到山，你的小脑袋中会浮现出什么样的景象呢？一定是非常雄伟的吧，或是陡峭，或是绵延不绝。世界上的名山大多数也都是雄伟而壮阔的，但圣米歇尔山却是一座与众不同的山。它是法国著名古迹和基督教圣地，位于芒什省的一座小岛上，距海岸2千米。

小岛呈圆锥形，周长900米，由耸立的花岗石构成。圣米歇尔山海拔88米，大部分时候被大片沙岸包围，仅涨潮时才成岛。圣米歇尔山及其海湾文化遗产，在1979年时被列入《世界遗产名录》。

圣米歇尔山最高只有76米，如果不是它四周没有任何树木房屋作对比，它在人们心中绝不是一座岛，而是一座小土包。由于圣米歇尔山凭海临风的地理位置，所以白天的时候通往山上的路才显现出来，当黄昏来临时，海水涨潮没过小路，这时圣米歇尔山就成了一座孤岛。在圆圆的月亮的映照下，圣米歇尔山就像是电影中的暮光之城一样，充满着神秘

的色彩。有机会去法国游玩的话，千万不能错过月圆时候的圣米歇尔山神秘、诡异的月景哦！

除了月圆夜的美景外，还不能错过圣米歇尔山潮汐时候的景观。十几个世纪以来，圣米歇尔山傲然挺立，无惧潮涨潮落。每到傍晚时分，大西洋的潮水以万马奔腾之势锐不可挡地冲向圣米歇尔山，刹那间，圣米歇尔山陷入一片汪洋之中，仅剩下一条与陆地相连的长堤露出水面。圣米歇尔山最为波澜壮阔的潮汐，是每年春分秋分时期出现的大潮。

正是因为这种潮涨潮落的自然景观，所以圣米歇尔山

只有在白天的时候才羞羞答答地露出它的真容，到了夜晚就像是害羞的女子一样回到自己的闺阁对他人避而不见。

　　这座山是因为天使长圣米歇尔得名的。在圣米歇尔山上坐落着圣米歇尔大教堂。相传圣米歇尔大教堂的建立是由于天使长圣米歇尔的神旨。传说公元8世纪，当时的红衣教主奥贝连续两次梦到大

天使长圣米歇尔，梦中圣米歇尔让奥贝建造一座城堡以成为他传播上帝福音的地方，但是奥贝没有把这个梦当真。

圣米歇尔又一次潜入到奥贝的梦中，这次他什么也没说，只用自己的食指点了下奥贝的脑门。醒来后，奥贝摸到自己脑门的凹痕，这才相信自己从前做的梦都是真的。

为了完成圣米歇尔的神旨，奥贝来到法国芒什省一座小岛，在这座小岛上建立了一座城堡教堂，从此圣米歇尔大教堂成了基督教徒朝圣圣地，小岛也因此得名圣米歇尔山。怎

么样，它虽然娇小玲珑，但是来头不小吧。

　　现在奥贝的教堂只剩下一面墙了。从海岸望去，圣米歇尔山就像是童话故事里的小岛一样，四周环绕着蓝色的海洋，中间是一圈洁白柔软的细沙，在白与蓝的辉映下，教堂顶端的圣米歇尔金像散发着耀眼的光芒，与日月争辉。在圣米歇尔大教堂的圣维杰珍宝室还保留着据说是有着天使指孔的奥贝主教的头骨。

　　现在我们看到的圣米歇尔大教堂可是用了800多年才建成的。为什么圣米歇尔大教堂面积不大却那么难建成呢？这是因为圣米歇尔山四面环海的独特的地理位置。

山岳中的冰川之王就是我

歌坛有歌王，舞坛有舞王，那么你知道大山中的王是谁吗？它就是世界冰川之王——喀喇昆仑山脉。

很多登山者都评价喀喇昆仑山脉是最纯粹的山。因为它就像是去掉一切血肉、筋膜等外物，直接展示

骨骼，展示登山者最看重的山的本质——高峻！喀喇昆仑山之所以没有披着那些"外衣"，还要从它所在的地理位置说起。

喀喇昆仑山脉位于昆仑山脉和喜马拉雅山脉之间，这三条山脉形状就像是呈45°角躺下的"川"字一样，昆仑山脉是上面那一撇，它是中间那一竖，喜马拉雅是下面那一竖。虽然它没有珠穆朗玛峰高，但它却拥有4座超过8000米高的大山。要知道全世界一共只有14座海拔超过8000米的山峰，世界第二峰就"安家"在此呢。

第二高峰就是乔戈里峰，它的海拔高达8611米。假如你说8611米应该不算很高的

话，那么你想想我们居住的房

子一层是3米，8611米大概是2870层楼那

么高，这下你知道乔戈里峰究竟有多高了吧。乔戈里峰不

仅以高出名，还是世界公认的攀登难度极高的山峰。但是

如果你从远处看，你绝对想不到这样一个晶莹剔透的冰雪

王国对登山者如此苛刻，倒在这里的登山者是珠穆朗玛峰

的2倍。

　　除了乔戈里峰闻名于世外，喀喇昆仑山脉还有个不折

不扣的冰川"巨人"——特拉木坎力冰川，它的面积达到

124平方千米，相当于新加坡1/5的国土面积。它看起来像

是一个高达数十米的巨人陡然树立在克勒青河的

源头，如同一张冰雪卷轴一样，向世

人展现着冰川的气势磅礴、雄伟壮丽。

　　而加舒尔布鲁木冰川长得与他的"老大哥"特拉木坎力冰川截然不同。这里伫立着一座座参差不齐的冰塔，其间穿流着清冷的冰泉，在阳光的照耀下，冰塔林就像是活的一般。在加舒尔布鲁木峰间行走，不仅能听到冰塔生长时发出的"喀喀"的声音，还能亲眼目睹冰塔"死亡"那一刻冰体破裂喷发高达数米的冰浆。

　　不要以为它号称冰川之王就只拿得出冰川这一景观。除了冰川，在巴基斯坦境内的塔峰群中，傲然挺立着几座世界罕见的花岗岩石峰。这些花岗石未经人工分割，却有着巧夺天工之妙，很少有人能见到如此巨大、完整又平滑的巨无霸型花岗岩。

喀喇昆仑山脉拥有世界上最大的冰川群、大型花岗岩石峰群，但是由于它位于昆仑山脉和喜马拉雅山脉两大山脉之间，因此到达这里的人很少。不管是从中国境内开始还是从巴基斯坦境内探险，都要走好几天才能到它的山脚下。与其他著名山脉相比，喀喇昆仑山脉对大家来讲更充满神秘色彩。

"不减反增"的喀喇昆仑山脉

受到全球变暖的影响，各地区的冰川都在不断消融，例如南极洲的冰川、格陵兰岛的冰川。但是喀喇昆仑山脉却不减反增，每年以11厘米的高度在增加，即使是它的邻居喜马拉雅山也有许多冰川消融。受该地区地理条件限制，研究人员至今没有弄清楚喀喇昆仑山脉地区冰川不减反增的原因。

如同爬楼梯一样生长 在比利牛斯山的植物

"阿门阿前一颗葡萄树，阿嫩阿嫩绿地刚发芽，蜗牛背着那重重的壳呀，一步一步地往上爬。"听了这首歌，我们眼前不禁出现一只小小的蜗牛背着比它大好几倍的壳艰难地向葡萄架上爬去的情形。你知道吗，在法国与西班牙的交界处，有一座名为比利牛斯山的山脉，山上的植物就像是那一

只只小小的蜗牛，一层"楼梯"一层"楼梯"地向上爬。

为什么植物们要像爬楼梯的小蜗牛一样生长在比利牛斯山呢？他们究竟是怎样爬过一层层的"楼梯"的呢？

原来植物们也不想这样辛苦爬"楼梯"，只是比利牛斯山复杂的岩石构造让他们不得不寻找适合他们生长的地方生根发芽。

比利牛斯山实际上是阿尔卑斯山的延伸，因此它的自然特征和阿尔卑斯山脉是十分相似的。比利牛斯山主要由花岗岩、古生代页岩和石英岩三大岩体构成。比利牛斯山由东向西逐渐增高，最高海拔在2000米以上。

它是欧洲西南部最大的山脉，长约435千米。正是这样的长度，让它拥有得天独厚的气候环境。

　　比利牛斯山脉北坡属于温带海洋性气候，这种气候地区平均温度最高不超过20℃，最低不低于0℃，温差小，适合木荷、桦树、麻栎林、胡枝子、兔儿伞等植物生长。这些植物长着较宽的叶子，树干包裹着厚厚的树皮，在秋冬季节来临时，他们纷纷落叶，在冬季休眠。

　　比利牛斯山脉南坡则是明显的地中海气候，这种气候十分好玩，夏季的时

候炎热干燥，但是到了冬季反而温和多雨。所以在这种气候地区，能看到许多夏季休眠的植物。例如柑橘、油橄榄、玉米、橡胶树等植物，这些植物为了避免被灼热的阳光晒伤，叶子通常都不大或者是像松树一样的针尖状。

因为这种独特的气候环境，比利牛斯山脉的植被随着海拔的不同变化着。在海拔400米以下的地区，生长着油橄榄、柑橘等地中海型植物；到了400～1300米，则生长着许多木荷，桦树等落叶植物，再往上到1700米处，遍布山毛榉和冷杉；继续向上爬600米，随处可见高山针叶松林植物；到了2300～2800米处是植物生长的极限，

上面被高山草甸覆盖得满满的，2800米以上终年白雪皑皑。

　　看看这些植物是不是像小蜗牛一样，海拔低的地方个头大，越向上爬越小。等到山顶后，就看不到这些植物了。每个季节，比利牛斯山脉都有不同的面貌迎接游客，到了冬季，这里更是人们的滑雪天堂。

"喜怒无常"的珠穆朗玛峰

　　提到名川大山，就不能不提珠穆朗玛峰。它可不是靠"走后门"进入到世界著名山川中的，它凭着无人能及的实力稳坐世界山峰老大的位置。

　　它身高8848.86米，是当之无愧的世界第一高峰，峰体向西北、东北和东南三个方向形成刃脊，是一座高大的金字塔状大角峰。你可能会说："高有什么稀奇的，世界上高的山多了，我为什么非要看这么一座高山啊。"

没错，高山确实很多，但是很多高山很相似。你见过云彩浓郁的像雾一样的高山吗？你见过一天之内变幻无常的高山吗？你见过一年四季变幻莫测的高山吗？珠穆朗玛峰就是这样一座"喜怒无常"、满是云彩环绕的山峰。

在珠穆朗玛峰峰顶，你会看到一朵像帽子一样的云彩，当它匀速前行遇到一座山峰时，就会从帽子云变成菱形的云；当你站在珠穆朗玛峰峰顶时，云彩就像是你的粉丝一样，在你脚下

翻滚膜拜。有时你还能看到罕见的"航迹云"。

除了变化多端的云彩以外，珠穆朗玛峰"喜怒无常"的气候也让人震惊。

珠穆朗玛峰不仅高度举世无双，它的气候环境也恶劣得"难逢敌手"，而且峰顶气候更是说变就变，一点预兆都没有。一天之中，往往是8点还晴空万里，8点1分便下起冰雹，8点半的时候又变得云海缭绕，最顶级的气候预报专家也把握不住它的气候脉络。一天之内气候变化就如此令人难以揣摩，更不用说一年四季的气候变化了，总的来讲，珠穆朗玛峰的

气候变化可以用四个字概括——"喜怒无常"！

　　每年3月至5月，是珠穆朗玛峰的春季，这个季节多是大风天气；5月末开始由风季向雨季过渡；6月到9月中旬，是它的雨季，这个季节登山，等待你的往往是倾盆暴雨、浓厚的云雾；9月中旬到10月则是雨季向风季转变的季节，一年中只有这个季节珠穆朗玛峰的"心情"才会好一些，大多数登山爱好者也都在这个季节征服珠穆朗玛峰。过了11月到次年2月，珠穆朗玛峰像是进入更年期一样暴躁，所有恶劣气候都集中爆发在这段时期。没有人敢在这个时候去捋"虎须"。

别怪它的脾气喜怒无常，如果不是这样，珠穆朗玛峰怎么会有那一条条瑰丽壮观的冰川、一座座争奇斗艳的冰塔林和那一道道让人步步惊心的冰裂隙呢。如果不是这些，怎么能让珠穆朗玛峰笼罩上一层又一层神秘的面纱呢！

珠穆朗玛峰的形成

珠穆朗玛峰曾经是一片汪洋，在1.5亿年前，珠穆朗玛峰属于古地中海的一部分，那里生活着鱼龙、三叶虫、珊瑚等古海洋生物。直到5000万年前，地球两大板块印度板块、亚欧板块的碰撞，使得珠穆朗玛峰从海洋中升起，成为当今世上第一高峰。

别惹我，小心我会爆发哦

一万年前的一天夜晚，熟睡中的人们听到"嘭"的一声后，感觉山摇地动起来。"地震啦！地震啦！"人们恐惧地边跑边叫，当人们纷纷跑出屋外后，难以置信的事发生了，人们发现一座高山在他们眼前形成。这座山就是位于日本本州岛上的富士山。

富士山海拔3776

米，现在的富士山并不是经过一次地壳碰撞就形成了的。在这之前，它经历了先小御岳、小御岳、古富士、新富士这四个阶段。其中先小御岳形成于数十万年前。

富士山看起来很美，从空中鸟瞰，富士山犹如一朵灿烂盛开的莲花一样美丽。山巅满布的白雪的富士山，像把悬空倒置的扇子，有着优雅的气息，因此富士山也有"玉扇"之名。

它的美不仅表现在空中鸟瞰和扇面白雪这两点上。它的美还在看似对称的不对称中展现得淋漓尽致。乍看起来富士山似乎非常对称，但它各处向上的山坡又都稍有不同，因此它们不是在顶峰的一个点上汇合，而是分布在一条小有曲度的水平线上。

富士五湖均匀地从东南西北中五个方向围绕着富士山，这些湖都流淌在海拔820米的山腰处。在这里你可以真切感受到什么是"落霞与孤鹜齐飞，秋水共长天一色"。在富士山脚下周围100多千米的地方，富士山终年被白雪覆盖的美丽轮廓若隐若现地进入人们的眼帘。

不同季节的富士山都会带着不同色彩迎接游客的观赏。

3、4月份是樱花盛开的时节，漫山遍野的樱花争奇斗艳，微风吹过，一片片娇弱无力的花瓣随着风飞向很远，透过灿烂的樱花看富士山，更觉得它如诗如画，似梦中仙境一般。

　　到了夏季，富士山上呈现一片生机勃勃的景象，此时高温让山顶的积雪全都融化，置身于富士山中，你感受不到夏日的炎热，感受到的是一片苍翠带来的清凉；秋季时分的富士山，笼罩在一片片红叶中，它们唱着一首悲壮的歌，似乎在为富士山的美丽燃烧最后一滴血；冬季大雪封山，此时富士山成了

滑雪的好去处。孩子们、大人的欢笑声荡漾在山间，抹去了冬季的萧条。

可不要看富士山如此美丽就认为它很"温顺"，如果"惹怒"了它，它会化身为火神，喷出火焰，将周围的一切燃烧得一干二净。它最后一次"发火"是1707年，在这之后，它就像用力过度一样，陷入深深的睡眠中。可是无论怎样，都不要惹火它哦，否则当它从睡梦中醒来的时候，灾难也会随之而来。

非洲的山脉，
你们谁敢跟我比高

　　说起非洲你会想到什么？炎热、干旱、狮子、长颈鹿、犀牛……很少有人会想到雪山，因为在我们看来，这么热的地方怎么可能有雪，没有雪又哪来的雪山。但是乞力马扎罗山偏偏要告诉你它就是非洲最高的山，也是位于赤道的山峰中唯一一座雪山。

让我们一起来看看这座神奇的雪山吧。乞力马扎罗山这个名字本意是指"美丽发光的山"，它是世界上最大的一个独立山体，孤独地坐落在赤道附近。当然，它的独特不仅表现在"特立独行"上，同时它可以将湿润的印度洋海风挡住，让海风被迫上升至峰顶形成厚厚的云层，最后以雨雪的方式落回大地。这也是乞力马扎罗山上冰雪的来源之一。

为什么赤道附近还能有这样一座雪山存在呢？我们做个实验就能找到答案了。5个人分别拿着一个温度计，第一个人在山脚下，第二个人在山上300米处，第三个人在600米处，第四个人在900米处，第五个人

19.4

21.2

23

16.8

在山顶。他们同一时间拿出温度计，通过对比我们发现，山脚下的气温是23℃，300米处是21.2℃，600米处则是19.4℃，900米处是17.6℃，山顶16.8℃，由此可见海拔每增高300米，气温下降1.8℃左右。

乞力马扎罗山虽然位于炎热的赤道附近，但是5892米的高度依然让它的山顶温度在0℃以下，所以它的山顶才能终年被积雪覆盖。因为它在非洲无山可比的高度，所以它被称为"非洲屋脊"，当然很多地理学家更喜欢亲切地称它为"非洲之王"。

"非洲之王"有两个"得力助手"——乌呼鲁峰和马文济峰，这两座山峰被一条长约10千米的山脊相连，远远地看着这两座雪山，就能感受它们内在的苍劲，一种生命的热情顿时充斥你的心中。在乌呼鲁峰顶部有一个直径约2400米大的火山口，口内覆盖厚厚的冰层，底部竖立着一根根冲天直上的冰柱，整个火山口就像是一个巨大的玉盆一样。

由于乞力马扎罗山特殊的地理位置，在黄昏时分观赏它更美。那时山顶的云雾偶尔相聚，偶尔散去，洁白无瑕的峰顶在黄金般落日的映照下，露出与白天端庄素雅截然不同的妖娆美艳，这时的它就像是一位舞娘，穿着色彩斑斓的衣服，一颦一笑都勾动着看客的心弦。

别看它的山顶是一片银装素裹，山下那片辽阔的土地却是五彩斑斓、生机勃勃。这里不仅是咖啡、茶叶、剑麻、可可等热带植物的天堂，同时也是非洲象、斑马、鸵鸟、狮子等热带野生动物的乐园。

尽管乞力马扎罗山是非洲第一高山，但随着全球气候变暖，乞力马扎罗山的冰川在过去80年里萎缩了近80%，环境保护专家对它的前景深感焦虑，他们认为在10年后，乞力马扎罗山顶或许不会再有雪存在，独一无二的"赤道雪山"也将和人们挥手说再见。

赤道雪峰的发现

150多年前，西方国家的人们一直认为赤道附近不会有雪山存在。1848年一位德国传教士来到非洲，发现了赤道雪山的奇景后，写了一篇游记，将自己的所见所闻发表在一家刊物上。他没想到"赤道雪山"这件事情给他带来重大灾难，人们将他当成异端邪教，让这位传教士背负着冤屈而亡。直到1861年一批探险者来到非洲，亲眼目睹并拍下"赤道雪山"的照片，人们才开始相信那位德国传教士的话，非洲确实有雪山存在。

戴着银白色雪冠的美丽公主

　　"魔镜，魔镜，告诉我，谁是这世界上最美丽的女人？""是白雪公主，她有着乌黑秀丽的长发……"每个看过或听过《白雪公主》这个故事的人都会对皇后的魔镜感兴趣，也会被善良的白雪公主感动。非洲也有位美丽的"白雪公主"，它就是鲁文佐里山脉。

　　鲁文佐里山脉位于乌干达和刚果两国边界上。它总是带着一顶雪白的"皇冠"，却又羞羞答答地不让人看到这顶"皇冠"的样子。鲁文佐里山脉被人称为"造雨者"，因为这里雨雾甚多，一年365天，它的"皇冠"不被雨雾遮蔽的日子不足65天。

　　人们说鲁文佐里山脉是山中的白雪公主，散

发着奇异的光芒。它的光芒并不全是积雪反射阳光发出的，它自身也会闪闪发光。因为这位"白雪公主"是由覆盖着花岗岩的云母片构成的，这些云母片反射阳光，让鲁文佐里山脉看起来像是走红地毯的明星一样耀眼瞩目。有位探险家这样描绘过鲁文佐里山脉的美丽：一个山峰接着一个山峰争相从乌云后面涌现出来，直到最后它们仁立在那里欢迎压轴雪山隆重出场。

　　鲁文佐里山脉被称作白雪公主不只是因为她那顶银白色的雪冠，也不只是因为它本身散发着引人入胜的光芒，这其中还有鲁文佐里山脉中动植物们的贡献。

鲁文佐里山脉就像是传说中的巨人国一样。这里所有的动植物都比它们正常的大小最少大一倍。这里有成年人手臂那么长的蚯蚓；路边常见的10厘米高的半边莲，在这里却疯狂猛长到2米多高；平时山脚只有80厘米左右的蓑衣草，也成了蓑衣草家族的巨人，足足有2米多长。这里的动植物，和鲁文佐里山脉外部的动植物相比，差别十分大。

　　所有生长在鲁文佐里山脉的动植物都变得巨大。为什么鲁文佐里山脉的动植物长得这么巨大呢？这都要归功于这里的气候。鲁文佐里山脉的云层低至海拔2700米，受到云层的影响，空气非常湿润，鲁文佐里山脉一个月降雨量最高多达

510毫米，潮湿的气候促进了植物的生长，所以它们才会长得如此巨大。

巨大的山地大猩猩

　　鲁文佐里山脉中栖息的动物中最著名的是山地大猩猩，它是该地区特有的生物种类。至今全世界只有不到400只存活的野生山地大猩猩。这种大猩猩的性格温顺，只吃植物的嫩芽和木髓，不吃任何肉类。山地大猩猩大多是10只为一个家庭，由一只雌性或雄性大猩猩为首领。它们在取食时，如同掠夺者寸草不留。但是在它们离开后，该地区的植物会重新生长出来，而且生机更胜过去。

我可是上帝的餐桌哦

"瞧，上帝要吃饭了！"当桌山上空云雾缭绕的时候，当地人就会这样开玩笑。桌山，顾名思义，一座长得像桌子的大山，虽然它的海拔只有1067米，在名山中属于垫底位置，但由于它位于大西洋和印度洋之间，所以它显得比实际

高度高很多。

桌山的高度并没有让它损失一丝一毫的魅力。看惯了崎岖陡峭的名山后，看到这样一座山顶平平的山峰，会由衷地感叹造物者的神奇。桌山山顶就像是被用剑横着劈开，平整的如同一张桌子一样。桌山不高，为什么上方经常云雾缭绕呢？

这是由于大西洋和印度洋一冷一热两股截然不同的气流在桌山上空相遇，这两种气流交汇在一起，形成巨大的水汽，水汽慢慢上升遇到冷空气后，变成了云雾，将桌山层层笼罩住。桌山四周的景物也都被笼罩在云雾

中，让它看起来更加虚无缥缈。

　　桌山山体主要由坚硬的花岗岩构造而成，充满了阳刚之美。虽然桌山上的植物都不是很大，但它们的生命力却很顽强。在桌山上遍地长满一种叫作太阳花的植物，虽然这种植物开出的黄色的小花看起来并不那么美丽，但是阳刚的桌山因为它的存在多了一丝柔情之美。

　　山腰上生活着蜥蜴、豚鼠、岩兔等小型食草动物，它们在这片郁郁葱葱的热带树林里快乐地生活着，这些小家伙根本就不躲避游人，它们甚至会蹲在岩石上让游人拍照、观赏。

山顶上则是众多鸟儿的"会客厅"，它们特别喜欢在这张"长条桌"上聚会，三五成群地在这里玩耍。

　　别看桌山郁郁葱葱的，就认为山上一定有水源。如果你想在桌山上找到水源，恐怕要令你失望了，因为即使在这里掘地三尺你也找不到水源。但是尽管桌山没有水源，依然无碍植物在这里茂盛生长。

　　桌山的植物种类多达1470多种，植物学家到了这里，也会被丰富的植物种类吸引。桌山的自然保护区有

2000多种濒临灭绝的花卉、植物，约有150多种小型野生动物。

由于桌山总是被云雾缭绕，所以去桌山旅游一定要选择无风、无云雾的天气。并且，桌山只有两辆缆车，一辆缆车负责载客向上游览桌山，一辆缆车负责将旅客运载回来。在缆车上，你可以安静地将整个开普敦尽收眼底，看看地上忙碌的港湾，看看悠闲的城市生活。

云雾缭绕的桌山

传说在桌山附近住着一个叫范克思的海盗和一个魔鬼，有一天他们在山上相遇，魔鬼炫耀着对海盗说："桌山上有一个温暖的洞穴，住在里面非常舒服。"海盗听了想要把这个洞据为已有，于是他灵机一动，对魔鬼说："咱们比赛吸烟，谁坚持的时间长，这个温暖的洞穴就归谁。"魔鬼听后同意了他的要求。结果他俩为了获胜，就一直这样吸下去，所以桌山上总是云雾缭绕的。

蓝色的浪漫之山

　　要说最浪漫的国家是法国，那么最浪漫的山脉非蓝山莫属了。位于澳大利亚东部的蓝山山脉，从远处看去，整座山都散发着蓝色的光芒，不仅山是蓝的，森林是蓝的，峡谷是蓝的，就连围绕着它的云雾也都是蓝的，蓝山蓝得浪漫神秘，因此蓝山被冠以"世界上最浪漫的山脉"之名。

　　蓝山为什么是蓝色的呢？因为蓝山中生长大量桉树，这种树木木质坚硬、挺拔，含有丰富的油质,可从中提取大量的挥发油。未经提取而自然挥发的油滴,透过阳光的照耀,反射出蓝色的光芒,因此蓝山空气中存在浓郁的油滴,所以蓝山看起来就是蓝色的。

蓝山是澳大利亚最大的山脉,山体主要由块状坚固砂岩组成。其中三姐妹峰是蓝山山脉独特的风景之一。三姐妹峰坐落于距离悉尼约100千米的贾米森峡谷。三块巨石拔地而起,风姿秀丽,宛如三位身材姣好的少女并肩而立。关于三姐妹峰还有个浪漫的传说。

很久以前，在澳大利亚一个部落里有三位美丽的姐妹，她们和另一个敌对的部落里的三兄弟相恋，因为他们的爱情，两个部落之间爆发了一场战争。当时三姐妹的父亲为了保护她们不受伤害，用魔骨将她们变成岩石，后来她们的父亲在战争中遗失了魔骨，无法让她们变成人类。父亲死后变成琴鸟一直在寻找丢失的魔骨，以复原女儿们的真身。

除了位于贾米森峡谷的三姐妹峰以外，蓝山的瀑布景观也十分壮丽。温特沃思瀑布从悬崖上犹如一条白练倾泻下来，坠入贾米森谷底。从观瀑台

望去，温特沃思瀑布就像一条银蛇垂挂在空中，气势惊人。从观瀑台回首，云雾中高原和山峰时隐时现，如同仙境一般。

位于蓝山山区的吉诺兰岩洞拥有亿万年历史，它由地下水流冲刷形成，洞内凉气袭人、深幽莫测，有洞中洞之称，主要洞穴有王洞、东洞、卢卡斯洞、丝巾洞等。虽然吉诺兰岩洞存在时间有亿万年之久，但是人们第一次见到它的真面貌还是在1838年。尽管它面世的时间至今不足200年，但是这200年里无数人为它在灯光下闪耀的钟乳石、石笋、石幔惊叹不已、流连忘返。

蓝山山脉不只拥有奇石、瀑布、岩洞美景，至今它依

然保存着世界上最古老、最完整的热带雨林，这片热带雨林完全是大自然的手笔，不掺杂一丝人工痕迹。在这里生活着超过400种动物、1000多种植物。蓝山山脉特有的琴鸟更是聪明绝顶，招人喜爱。

世界上还有其他的蓝山吗？

在牙买加岛上也有一座蓝山，这座山峰海拔为2256米，为牙买加最高的山峰。著名的"蓝山咖啡"产地就在这座山上。俄勒冈州中部到华盛顿州东南部，有一座长达310千米，最高海拔2732米的高山也被称为蓝山。因为世界上这么多座蓝山，所以澳大利亚的蓝山山脉通常被称为大蓝山山脉以示区分。

呜呜，我被上帝遗弃了

    美国怀俄明州有一座山突兀地立在那里，这座山有八九十层楼那么高，山形像是锥子塔，由底部逐渐向顶部收缩，看起来就像是谁在一张白纸上放了个锥形小盖子一样，这座山就是大名鼎鼎的魔塔山。

魔塔山只有265米高，是著名的袖珍山。虽然它的个子娇小玲珑，依然无碍它给人带来挺拔、俊俏之感。它拔地而起，周围没有一丝遮挡物，更没有任何山峰成为它的"副手"，魔塔山就这样没有一丝束缚地几近垂直地竖立在一望无际的旷野上。远远看去，魔塔山就像是一个巨大的感叹号一样，让人们惊叹造物者的鬼斧神工！

如此独特的魔塔山究竟是怎么形成的呢？地质学家经过研究发现，在5000万年前，由于地壳深层的运动，处于地球深处的高温熔岩不断渗透到沉积岩中，熔岩慢慢冷却，与周围的岩石融为一体。随着熔岩渗透得越来越多，岩石也越来越高。熔岩冷却后，由于热胀冷缩的原理，山体出现裂痕，形成一座多边形石柱。经过100多万年的风化，魔塔山就像是被大自然雕刻过一般，山体遍布独特的凹槽，各个凹槽看似独立却又紧密相连在一起。

魔塔山的神奇不只是它独特的山体形状。随着时间的推移，魔塔山的颜色会随着阳光的变化而展现不同的色彩，即使站在100多千米外，你第一眼看到的依然是独树一帜的变幻不同颜色的魔塔山。早期西部开荒者将它作为路标和时钟，根据它的不同颜色判断时间。

在1977年美国拍摄的一部科幻电影《第三类亲密接触》

中，魔塔山是外星人来到地球时的落脚点。

为什么人们把它称作魔塔山呢？这个名字是怎么想出来的呢？

1875年，美国陆军道奇上校跟随一队地质勘探学家来到这片大草原上，他们一眼便看到了这个形状奇特的巨石。于是道奇上校向当地人咨询这个巨石的来源，从当地人口中得知这个巨石名为"恶魔之塔"，因为当地人深信，在这座巨石顶部，住着一个邪恶

的恶魔，所以才将这个巨石命名为
"恶魔之塔"。

　　当然魔塔山上可没有恶魔居
住。但是也有人说它是上帝丢下
的一块小石头，要不它怎么会如此
突兀地耸立在平原上呢？哪一座高
山不是"呼朋引伴"的，只有它是
"孤苦伶仃"的，因此魔塔山一定
是被上帝遗弃的"小石头"。

哼哼哈嘿，看我·少林功夫

"中国功夫冠天下，天下武功出少林"，小朋友们对武侠电视剧中那些行侠仗义的高手都钦佩不已吧，大家一定很

想去少林寺学功夫，打坏人，维护正
义吧！那么少林寺在哪里呢？它就在大名
鼎鼎的嵩山上！

嵩山位于我国河南省西部地区，与泰山、华山、衡山、
恒山并称为五岳！嵩山由太室山、少室山两大山峰组成，其
最高峰连天峰海拔1512米。嵩山东西长60多千米，是华夏文
明的发源地，同时也是我国名胜古迹之一，现已成为世界文
化遗产。

嵩山古名"外方"，夏商时更名"崇
高"。西周周平王定都洛阳后，将嵩山

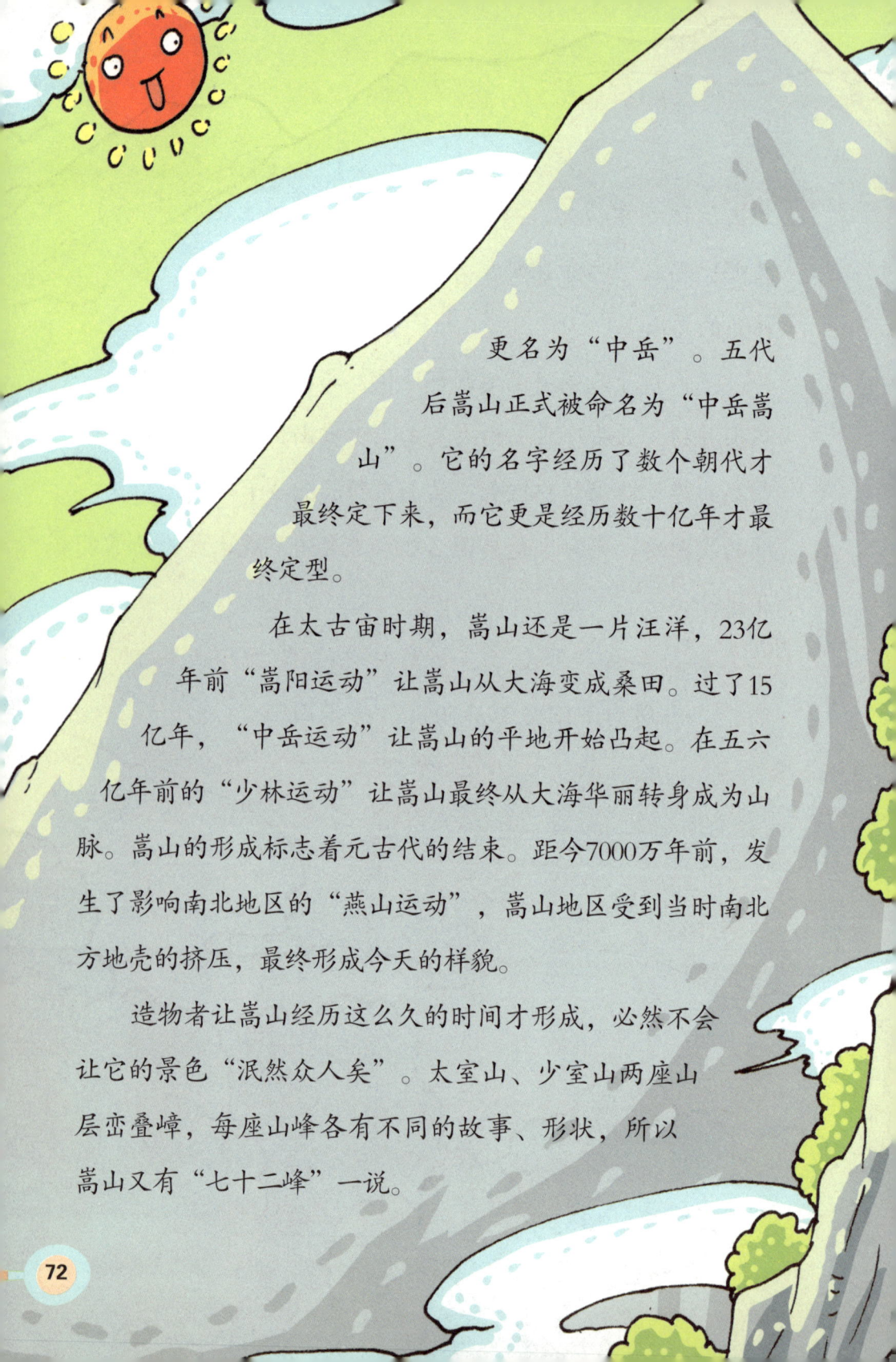

更名为"中岳"。五代后嵩山正式被命名为"中岳嵩山"。它的名字经历了数个朝代才最终定下来,而它更是经历数十亿年才终定型。

在太古宙时期,嵩山还是一片汪洋,23亿年前"嵩阳运动"让嵩山从大海变成桑田。过了15亿年,"中岳运动"让嵩山的平地开始凸起。在五六亿年前的"少林运动"让嵩山最终从大海华丽转身成为山脉。嵩山的形成标志着元古代的结束。距今7000万年前,发生了影响南北地区的"燕山运动",嵩山地区受到当时南北方地壳的挤压,最终形成今天的样貌。

造物者让嵩山经历这么久的时间才形成,必然不会让它的景色"泯然众人矣"。太室山、少室山两座山层峦叠嶂,每座山峰各有不同的故事、形状,所以嵩山又有"七十二峰"一说。

嵩山七十二峰，以峻极峰为主峰，以连天峰为最高峰，以紫霄峰为最险峰。自古以来嵩山就被评价"太室如龙眠，少室如凤舞"，一"眠"一"舞"恰到好处地表现出太室的雄伟、少室的险峻。太室山形如一条自东向西俯卧的巨龙，从太室山西边观香峰一路沿着山脊而行，途径卧龙峰、独秀峰、玉女峰等，一直向东直至太室山最东段的鸡鸣峰，一天的时间就能逛遍太室山上十多个山峰。少室山形如九鼎莲花绽放一般，远远看去，少室山座座山峰都像是擎天柱一般直入云霄，气势雄伟。因此虽然连天峰是嵩山最高的山峰，但是由于周围山峰的遮挡，让它看起来并不那么挺拔，反而是紫霄峰由于位居少室山东部，没有高山与它相比，人们从市区就能看到它的身影。紫宵峰峰顶由于云雾遮蔽，所以人们只能看到它的一部分，这样看起来它显得更加高大了。

　　提到嵩山，除了它的美景外，不能不提少林寺。少林寺位于少室山五乳峰下，于北魏太和十九年（公元495年）建立。唐初

时期，还是秦王的李世民险被奸人所害，幸遇少林寺十三棍僧搭救，他登基后，重修少林，并大力发展佛学，此后少林的禅宗和武功名扬天下。千百年来，无数少林僧人潜心研究佛法和武学，不只让佛教文化在中国的影响日益深远，还让少林武术成为中华武术当之无愧的瑰宝，少林武功名震海内外。

我"仙山"的称号
可不是浪得虚名哦

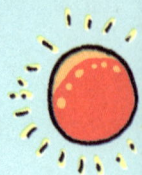

"蜀中多仙山，峨眉邈难匹"这是诗仙李白赞美峨眉的诗句。那么峨眉山真的有那么美吗？难道峨眉山真的像仙山一样，将四川省所有的名川大山都比下去了吗？峨眉山美在哪里？仙在哪里？独特之处又是什么呢？

峨眉山位于四川峨眉山市境内，最高海拔3099米，素有"秀甲天下"的美称。其以雄、秀、灵、神、奇和深厚的佛教文化为特点，蜚声中外。

峨眉山景色万千，山势雄伟壮观，又多婀娜秀丽之姿，每一山都有不同的气象，因此又有"一山有四季，十里不同天"的评价。峨眉山有"金顶祥光""象池月夜""白水秋风""红珠拥翠""龙门飞瀑"等数不胜数的绝妙佳景。一入峨眉山中，不知岁月流转。那层峦叠嶂、参天古木、深谷幽兰、水声潺潺、灵猴嬉戏，让你恍如置身仙境一般。

峨眉山上的灵猴不仅不怕人，还喜欢与人同乐。这里的灵猴，尾巴短短的，只有6~10厘米，比它们的近亲要短很多，所以很多人亲切地称它"短尾猴"。嘴馋又大胆的猕猴时而出现在路旁，时而出现在山间，拦住游客伸手索要吃的，它们那猴急的样子给游客带来了不少的欢乐。峨眉山野生自然生态猴区是我国最大的自然生态猴区。

　　峨眉山不只是猴子的天堂，也是植物的乐土。峨眉山生长的植物大约有3700多种，因此峨眉山被植物学家称为"古老的植物王国"。这里气候多样，土壤结构复杂，生长了各种类型的生物，据说生长在峨眉山上的植物种类相当于整个欧洲植物种类的总和呢。由于有如此众多的植物在峨眉山上

繁衍，因此峨眉山终年郁郁葱葱，从来不见萧索的时候。这些生长在峨眉上的植物中，有植物界的活化石桫椤、珙桐，有著名的洪椿、冷杉，还有众多的兰花、杜鹃花、竹子等。这些植物的存在让峨眉山成为动物的乐园，据统计峨眉山有2300多种野生动物。

　　峨眉山植被的分布随着海拔、气温的不同而变化。峨眉山以清音阁为界，清音阁以下统称为低山区，这里的气温与平原地区相差无几；清音阁到洗象池之间被称为中山区，这里的气温比平原低4℃～5℃；

登峨眉山——李白

蜀国多仙山，峨眉邈难匹。周流试登览，绝怪安可悉？

青冥倚天开，彩错疑画出。泠然紫霞赏，果得锦囊术。

云间吟琼箫，石上弄宝瑟。平生有微尚，欢笑自此毕。

烟容如在颜，尘累忽相失。倘逢骑羊子，携手凌白日。

洗象池以上被称为高山区，气温比山下要低10℃左右。有趣的是，峨眉山中间似乎有一条天幕，天幕下被称为"阳间"，天幕上被称为"阴间"，当游客置身于金顶上时，能听到打雷的声音，但是却不见一滴雨点，只有"阳间"才会下雨，"阴间"是"只闻雷声大，不闻雨落下"。

五台山，皇帝眼中的"香饽饽"

　　五台山坐落在山西省忻州市，距离省会太原市约230千米，它与峨眉山、九华山、普陀山并称为"中国佛教四大名山"，也是中国十大避暑名山之一。

五台山的历史可以追溯到26亿年前。

那时，五台山从海洋中浮出水面。大约8亿年到6亿年前，五台山经历"五台隆起"运动后，成为当时华北地区最壮观的山地。258万年前的冰川时期，五台山被冰川覆盖，保留下珍贵的冰缘地貌。经过几十亿年的变迁，五台山保存着丰富的地貌资源，这些珍贵的资源令地质学家们受益匪浅。

五台山的山体主要由古老的结晶岩构成，北部深幽险峻，五座山峰耸立在黄土高原上，山顶平坦如台，因此得名五台山。这五座山峰分别是东台望海峰、西台挂月峰、中台翠岩峰、南台锦绣峰、北台叶斗峰。五台山总面积约2837平方千米，最高峰是

北台叶斗峰，海拔3061.1米，最低处海拔仅624米，与它最高处海拔相差2400多米，但这并不影响五台山成为华北地区最高山，成为"华北屋脊"。五台山顶峰终年被冰雪覆盖，夏季山中气候阴凉干爽，五台山也因为成为避暑胜地。由于气温较低，五台山自然植被以草甸为主，因此五台山总是绿草遍野。

提起五台山就不能不提到佛教，传说康熙大帝的父亲顺治皇帝在退位后就在五台山出家。由此可以看出五台山在世人眼中具有多么重要的地位，就连皇族也将其作为礼佛圣地。

五台山最早的寺庙建于东汉时期，在这之前五台山是道士们的修行之所。直到公元68年两位天竺高僧与道士们赛法后，才取得建立佛教寺院的权利。第一座建立的寺院就是显通寺。此后随着历代不断修建，到唐朝时期，五台山上寺院最多超过360座，至今五台山上的寺庙仍然超过100座，而五台山也以其历史悠久、寺院众多、佛教文化交流更广泛成为佛教四大名山之首。

五台山不仅寺庙众多，供奉的佛像更是数不胜数。五台山里的佛像多达3万余尊。而且，这里还供奉着儒教、道教、帝王将相等塑像。

从前有座龙虎山，
山里有个象山书院

　　江西省鹰潭市西南20千米外，有一座道教名山——龙虎山。据说道教鼻祖张道陵第4代孙张盛在西晋时期就已经在龙虎山定居，此后张天师一脉世居于此，时至今日，龙虎山上的张天师已经是第63代，道教传承经历了1900多年的历史。

　　据说张道陵曾在此山炼丹，丹成后云中龙虎现，为了纪念张天师，后人将此山命名为龙虎山。作为中国道教正

一派的传承名山，龙虎山对道教的继往开来、文化传承起了重大的作用。

传说，龙虎山原名云锦山，山清水绿，灵气逼人，于是云锦山被仙人看中，差两只仙鹤带领张道陵进入此山中，潜心修道炼丹。此后龙虎山的名气传扬开来，人们不仅陶醉于它的山清水秀，更被它深厚的道教文化所吸引。此后，随着张天师一脉不断发展，龙虎山成为道教名山之首，并被誉为道教第一仙境。

龙虎山第一仙境之称可不是浪得虚名。龙虎山属于典型的丹霞地貌，山内石寨、石墙、石梁、石柱、崩塌洞穴、天然画壁等地貌形态种类达到23种之多。这里山灵水秀、岩洞幽奇，拥有仙境仙水岩、仙女岩、天门山、正一观、上清宫、无蚊村等著名景观。

仙水岩是仙岩和水岩的总称，位于上清河县。仙岩、水岩各自分布在南北两方。仙岩自古被称为"神仙居住的地方"。仙水岩秀丽多姿，风光绮丽。

鲁迅先生说过，"中国的根底全在道教"，而道教的发源地之一就是龙虎山的正一观。正一观始建于第4代张天师时期，为了祭祀祖天师而修建"祖天师庙"。每逢三元节，祖天师庙开坛说道，众多修道者在这一时期纷纷前来，形成秉烛夜谈、昼夜长明的

繁荣胜景。祖天师庙历经多次修葺，在明嘉靖时期改名为正一观，这一名称一直沿用至今。明清时期修葺正一观时，在这座原属于宋代风格的建筑上增加了明清时期的艺术风格，整座建筑显得气势宏伟，充满仙风道骨。

神秘的越人悬棺群

龙虎山有个庞大的越人悬棺群。在龙虎山山洞的石壁上，悬挂着202副棺材，这些棺材星罗棋布地排列在洞中，这个越人悬棺群从它们悬挂在那里至今已经有上千年的历史了。越人究竟是怎么把这些棺材安置在石壁上的呢？这些棺材里安葬的又是什么人呢？为什么他们不能入土为安，反而要悬挂在半空中呢？这些未解之谜至今依然困惑着人们。

张大千的"老师"

"青城山下白素贞，洞中千年修此身"这熟悉的旋律让我们不由自主地想到温柔、善良、贤惠的白蛇精白素贞。是的，只有人杰地灵的道教仙山——青城山才能孕育出白素贞这样一个善良的蛇精。

青城山位于四川省江堰市，距离著名的都江堰水利工程仅10千米。自古以来，青

城山就是中国道教名山，是我国道教的发源地之一。青城山独有"青城天下幽"之美名。

这个美名得来不易。青城山全山被林木覆盖，一年四季郁郁葱葱，众多山峰错落有致地分布在彼此周围，像是一座布局严谨的城池，因此古人称其为"青城山"。青城山曲径通幽，随处可见"幽"之特色。在青城山中，层峦叠嶂的景色几乎是看不见的，因为这些山峰、溪流、道观全都半遮半掩在枝繁叶茂的林木中。青城山的道观蕴含了大道天成之美。道观全部取材自然，不加一丝修饰，与山中的

景色融为一体，道观是景，景是道观，处处体现出道家顺其自然的理念。

　　青城山的"幽"名不仅在于它的自然和建筑合一的景观，还有云海、日出、"圣灯"都是让青城山名声大噪的原因。其中以"圣灯"为青城山最独特的美景。观赏"圣灯"的最佳去处非上清宫莫属了。每到雨后天晴的夏日夜晚，上清宫附近总能见到点点亮光，少时只有三、五个亮点，飘忽不定；多时成千上万处的亮光在山间渲染出一片繁星天幕。据说"圣灯"是神仙们点着灯笼参加张天师的聚会，所以才将这些光亮称为"圣灯"。当然这只是一个美丽的传说，有

人认为，之所以会出现这种景象，是因为青城山内部含有大量的磷，夏季傍晚冷热交替，磷很快氧化自燃发出亮光。

青城山的"幽"让从古至今无数文人骚客流连忘返，为之震撼。唐代大诗人杜甫写下"自为青城客，不唾青城地。为爱丈人山，丹梯近幽意"的佳句赞美青城山。当代国画大师张大千更是对青城山念念不忘，尊青城山为"师"。

1940年，张大千举家迁移至青城山上清宫。在青城山的清幽环境的影响下，他心无杂念，寻幽访景，绘画出近千幅青城山形态各异的风貌图，并自篆印章一方，号称"青城客"。

60年代，身居巴西圣保罗的张大千为了缓解自己对青城

山的思念，亲自画了一幅《青城山全图》，对此他解释
"看山还故乡青城，而今能画未能归"。他一生都对故
乡青城山充满依依不舍之情。

青城山名字的由来

青城山名字的由来有两种说法：一种说法是因为青城山山林青
翠，终年都是绿荫环绕，诸多山峰的形状宛如城廓一般，所以被称为
"青城山"；另一种说法是，唐代时期，佛教迅速发展，为了争夺地
盘，佛教和道教将官司打到皇帝那里，当时唐玄宗重道，因此亲自裁
定"观还道家，寺依山外"，但是唐玄宗却将"清城"误写为"青
城"，所以"清城山"得到皇帝的赐名改为"青城山"，这个事情可
还有唐代的诏书全文作证据哟。

江南小·武当

　　"桂林山水甲天下，黄山白岳甲江南"。桂林和黄山我们都知道是哪里，那么有多少人知道"白岳"是哪个地方呢？白岳就是位于安徽省休宁县境内的齐云山。

　　齐云山因其最高峰"一石入云天，

与天公比高"而得"齐云"之名。乾隆下江南来到这里，不由地赞叹此处风景乃"天下无双圣景，江南第一名山"。齐云山共有36奇峰、72怪岩，最高峰仅585米，峰虽不高，却具有直、削、险的特点，这36座奇峰，争相向世人展示自己的美丽，更让人觉得这些山峰高耸雄伟，不可测量。72座怪岩，每一座都是截然不同的景色，置身于齐云山中，俨然是置身于一幅峭拔鲜艳、诡异多姿的风景画中。那么如此多变的齐云山究竟是怎样形成的呢？

别看齐云山山不高，但它的历史可是十分悠久。它和喜马拉雅山是同一时期形成的，它们都是在距今大约5600万年

以前的地壳运动中形成的。齐云山的形成经历了漫长的过程。距今1.3亿年前，齐云山还是一个面积广大的湖泊。过了3000万年，齐云山的地势慢慢上升，6500万年前，齐云山才从湖泊中显露出来。直到3000万年前的"喜马拉雅造山运动"，导致皖南地区海拔全面上升，齐云山地区提升幅度远远超过周边地区，所以形成现在的齐云山。

齐云山是典型的丹霞地貌，齐云山丹霞地貌是中国名山中最完善的。不管是重岩叠嶂的群山、高耸险峻的崖壁、风骨峭峻的深谷、千岩竞秀的奇石还是千姿百态的洞穴，这些风景在齐云山都能见到。

齐云山的山体赤如红霞，崖壁、深谷、洞穴皆呈现紫红和棕红色，在齐云山上绿意盎然的树木的映照下，整座山峰犹如披着紫色外衣的仙女，灵气逼人。

齐云山除了其自身美景外，中国道教四大名山之一的身份，成就了它"江南小武当"的美誉。

齐云山的道教发展于唐代，经过宋、元两代山上道人不断努力，终于使齐云山成为道教发展不可缺少的一脉。1532年，嘉靖皇帝来此山求子得偿所愿后，令齐云山发展势如破竹，一举取得中国四大道教圣地、两大皇家道场之一（另一个皇家道场是武当山）的地位，这一时期是齐云山名声最鼎盛的时期。嘉靖皇帝求子成功后建立的"玄天太素宫"更成为善男信女烧香求神保佑的洞天福地。

承让，承让，我乃
中国道教第一山

"南拳和北腿，少林武当功，太极八卦连环掌……"
"太极八卦"说的就是武当功夫。武当功夫是中国武术界名
宗之一，它集众家之所长，形成自己独特的武术套路。武当
功夫作为一种传承上千年的文化，它的一招一式中蕴含深厚

的中国传统文化。武当功夫将古太极、阴阳、五行、八卦融合在拳法上，外柔内刚，如同流水一般连绵不绝又如雪落一般落地无声。

武当武术源于武当道教，没有武当道教就不会有这般独树一帜的武术。武当道教是中国道教不可或缺的一部分，如果中国道教缺了武当，就像是缺了灵魂一样。许多著名的真人都曾在武当山修行，感悟

道心，他们在武当
山留下了珍贵的道教传
承资料。

道教中的道德天尊就是中国道家创始人——
老子。老子姓李名耳，据说他出生时就满头花
发，所以人们称他为老子。道教认为是老子创造
的"道"，他用无与伦比的智慧书写出一部传承
几千年的《道德经》。历史上无数军事家、政治
家、占卜家都在《道德经》里找到根据，道教更
是将《道德经》作为标准，对"道"作为宗教理
论加以阐述。由于宗教信仰的神化，老子从一个
人被奉为为一位开创宇宙的天尊。

真武大帝就是在武当山修真，历经42年时
间，终于悟得"道"之本源，五龙驾车恭迎他飞

升仙界。真武大帝的形象一般都是身材魁梧、手持龟蛇或者执剑的三十岁左右的男子，着道袍作巡视三界之状。

　　武当山上浓郁的道教气息令人无法无视，同样引人入胜的还有武当山绝美的风景。武当山宛若仙境一般，带着神秘空灵的气息。江河流水宛如游龙戏水北绕，山峰如帘。武当山拥有72座似剑伫立的山峰、36座绝壁、24涧飞流激水、11座云雾缭绕的洞穴和无数形态各异的奇石怪台。被誉为"一柱擎天"的天柱峰，就像

一位帝王一样，接受四周群峰向它倾斜膜拜，形成"万山朝宗"的奇景。

武当山的盛名还在于它自身的气质，充满了远离繁华俗世的安宁、自在、轻松。登上武当山，置身于云海之中，刹那间觉得自己超然物外，所有凡尘俗世的事情都已经放下，似乎自己只要轻轻一振臂膀，就可以羽化成仙。

正是因为道教崇尚自然，而武当山环境清新脱俗，所以武当山才能历经变迁，成为道教第一名山。"武当"之名最早出现在《汉书》中，汉末至隋唐时期，武当山被看作是求仙者栖息之所。直至宋代，道经将武当山看作真武大帝的出生地和飞升处后，为了表示对真武大帝的尊重，统治者们封武当山为"太岳"，武当山成为"天下第一名山"。一直到清军入关后，武当山的地位才有所下降。

看，我跟金字塔像不像"兄弟"

　　登山运动者很多，他们攀登过世界最高峰珠穆朗玛峰、最险峻的喀喇昆仑山，但是有一座山至今没有任何人攀登上去，它就像个谜一样，让人不由自主地想要探究它的根本。这座山就是藏传佛教神山之一——冈仁波齐山。

藏传佛教四大名山分别是：西藏阿里冈仁波齐山、云南迪庆梅里雪山之卡瓦格博、青海果洛阿玛尼卿山、尕朵觉沃山。其中冈仁波齐山属于冈底斯山脉，冈底斯山脉横贯昆仑山脉与喜马拉雅山脉之间，犹如一条卧龙俯卧于西藏阿里广阔的高原上，巨龙高昂的头就像是一座金字塔一般，傲视天下，这个巨龙的"头"就是海拔6656米的冈仁波齐山。

冈仁波齐并非是冈底斯山脉最高的山峰，但只有它终年白雪皑皑，在阳光的照耀下散发耀眼的光芒，加上它像金字塔一样的山形，更是让人觉得充满宗教的魅力。

　　冈仁波齐山在藏语中的意思是"神灵之山"，梵文中的意思是"湿婆的天堂"，藏民称其是"石磨的把手"。该山四壁非常对称，西南面是它的著名的标志：由峰顶垂直而下的巨大冰槽与一横向岩层构成的佛教万字格。人们认为能看到冈仁波齐山峰顶是被天神赐福的象征。

　　冈仁波齐山的神奇之处在于其向阳的一面，即使阳光普照，也终年积雪不化；而神山背面，即使阴冷刺骨，依然长年无雪，偶尔被白雪覆盖，太阳一出，立刻融化成水。这一

现象完全违背大自然的规则。

　　既然冈仁波齐山是佛教圣地，自然不会缺少与佛祖有关的故事。人们认为，东边的万宝山，是释迦牟尼佛御山飞行时踏过的山；西边的度母山是印度教湿婆居住的地方；南面是代表聪明才智的智慧女神峰；北面是护法神大山。

　　冈仁波齐山四周的佛教胜地数不胜数，由冈仁波齐山、纳木那尼、玛旁雍错和拉昂错两山两湖组成的地区被

众教徒称为"神山圣湖"。

　　转山是朝圣者表示宗教虔诚最常用的方式。据说释迦牟尼佛是在藏历马年诞生的，所以藏历马年转山1圈等于其他年份转山13圈，且最能为自己积福、化去业障。因此藏历马年转山朝圣者是最多的，尤其是在马年4月15日这一天转山，功德更是远胜平时，因为这一天是释迦牟尼佛出生、得道、涅槃的日子。

即使你不是佛教徒，转山依然是有必要的。因为徒步行走看山和走马观花观看神山的感觉是完全不一样的。带着观赏之心看神山，只能看到它的巍峨壮观和神奇，以及佛教徒对此山的虔诚之心。如果自己转山，除了这些，还能感受到冈仁波齐山给我们身心带来的宁静和轻快。

嘻嘻，大家都叫我 "白雪女神"

世界最高的山是喜马拉雅山脉，全长2450千米，宽约280千米，自南向北由柴斯克山、拉达克山、大喜马拉雅山、小喜马拉雅山和西瓦利克山等平行山脉组成，其主峰——珠穆

朗玛峰海拔8848.86米。喜马拉雅山高峰林立，海拔在8000米以上的高峰4座，7000米以上高峰38座，因此喜马拉雅山脉也被称作"世界屋脊"。

喜马拉雅山脉位于中国、巴基斯坦、印度、尼泊尔、不丹五国境内，其山体主要部分在我国和尼泊尔交界处。虽然喜马拉雅山是世界第一高山，但它确实是最年轻的山脉之一。喜马拉雅山脉，其形成时间大约在3000万年前左右。

喜马拉雅山脉在藏语中的意思是"冰雪之乡"，她银装素裹，玉立于天地之间，守护着这片土地上的生灵。喜马拉雅山时而出现在万里无云的晴空中，时而又将自己隐藏在雪白的祥云里，显得神秘、美丽、端庄。

喜马拉雅山脉上高峰很多，除了世界第一峰珠穆朗玛峰以外，希夏邦马峰、卓奥友峰、洛子峰和马卡鲁峰都是海拔超过8000米的高峰。

希夏邦马峰是唯一一座完全坐落在我国境内的8000米以上的高峰。与其说希夏邦马峰是一座山峰，不如说它是一个拥有6个峰尖的基座。主峰希夏邦马峰海拔8012米，主峰东边是摩拉门青峰，海拔7703米，虽然东峰没有主峰高，但胜在峰形俊美独特，犹如角度完美的金字塔，所以从许多地方看希夏邦马峰，第一眼看到的都是东峰。由于希夏邦马峰有

6个峰顶，所以从不同的角度看上去，它的峰形都是不相同的，即使站在同一角度，看到的山也是不一样的。

喜马拉雅山中段偏东有一座海拔7538米的高山——库拉岗日峰，该峰位于中国境内，峰上的冰川融化后流入普莫雍湖。再向北是一座海拔7191米的高峰——宁金抗沙峰，这座山峰有一条长4.3千米的冰川，冰川融水补给到羊卓雍湖，羊卓雍湖湖面高4441米，湖形蜿蜒曲折，犹如一只天鹅绕颈一般，因此也有"天鹅湖"的美称。

喜马拉雅山脉虽高，但却拥有4种气候带的植被——热带、亚热带、温带、高山带，因此喜马拉雅山并不是一座光秃秃的山峰，反而在这里竹子长在陡峭的山上；原本长在山上的栗子却生长在石质土壤上。约有4000种开花植物生长在喜马拉雅山脉，其中棕榈有20多种。

　　奇特的地势让喜马拉雅山脉上生存的动物具备一身抗寒的本领。生活在非洲的长颈鹿和河马曾经在这里生活；野牛和角犀生活在喜马拉雅山脉的丘陵地带；喜马拉雅山脉的云豹、雪豹、牦牛、赤熊猫是这一带特有的动物。

梅里雪山的
"雨崩瀑布" 好壮观啊

　　我国云南省迪庆藏族自治州德钦县有一座"雪山太子"，这座雪山位于横断山脉中段，最高峰6740米，是云南第一高峰，平均海拔在6000米以上的高峰有13座，被称为"太子十三峰"。这座"雪山太子"究竟是哪座雪山呢？它就是梅里雪山。

梅里雪山这个名字的来源是一个美丽的误会。1908年法国人马杰尔·戴维斯在其书写的《云南》一书中首次提到"梅里雪山"，但他所记载的并不是太子十三峰，而是"雪山太子"北面的一座小山脉，在当地这座小山脉被称为梅里雪山，山脚下的村庄也被称为梅丽水。之所以我们现在把"雪山太子"称为梅里雪山，还是在六七十年代，全国大地测量，一支解放军队伍在与当地居民交流过程中误把"雪山太子"记作梅里雪山，并在地图中如此标注出来，因此雪山太子成了梅里雪山。

卡瓦格博是梅里雪山的主峰，峰形神似一座高耸入云的金字塔，时隐时现的云海如同一层神秘的面纱笼罩在卡瓦格博峰顶。峰下冰川、冰斗竞相连绵，犹如一条洁白的玉龙在山中飞翔，光彩照人，是世界罕见的海洋性现代冰川群。早在30年代，美国学者就赞叹卡瓦格博是"世界最美的山"。

卡瓦格博南侧，有一条从千米悬崖倾泻而下的雨崩瀑布，夏季的雨崩瀑布更加壮观。因为冰川消融，积雪融化，水流从雪峰中倾泻，瀑布的水清而纯；在阳光的照射下，水仿佛是雾，是云，是烟，偶尔可见一条彩虹环绕在瀑布中间。在朝圣者的心中，雨崩瀑布的水是神的恩

赐，他们倾心被其淋洒，洗去身上的业障，求得吉祥安康。

卡瓦格博和周围的山峰虽然被统称为"十三峰"，但"十三"并不是指的具体数字，而是取藏语中的吉祥数。这"十三峰"里比较著名的山峰有面茨姆峰、布迥松阶吾学峰、吉娃仁安峰。传说面茨姆峰是卡瓦格博峰的妻子，是玉龙雪山的女儿，虽然她嫁给卡瓦格博，却对家乡念念不忘，所以终年面向家乡。面茨姆峰山形优美，峰顶云雾缭绕，被称为面茨姆峰面纱。

布迥松阶吾学峰传说是卡瓦格博峰和面茨姆峰所生的儿子，他位于五佛冠峰和卡瓦格博峰之间。

吉娃仁安峰有"五佛之冠"之称，位于卡瓦格博峰北侧，是五个并列排在一起扁平却尖削的山峰，海拔5770米。

知道我为什么叫
"睡美人山"吗

　　云南昆明西郊，有一位仰卧的睡美人终日沉睡在滇池岸边，青丝在滇池的水光山色中，显得风姿绰约。这个"睡美人"就是西山。相传古时这里曾有凤凰停歇，却无人知晓其身份，因此吉祥的凤凰被这些人称为碧鸡，所以西山也称碧鸡山。又因它的形状像一尊庞大的卧佛卧倒在天地之间，所以也称卧佛山。

西山位于滇池西岸，由碧鸡山、华庭山、罗汉山等山峰组成，长约40多千

米，最高海拔2500米。西山森林茂盛，花草繁多，风光秀丽清幽，景致众多，在古代有"滇中第一佳境"的美称。

从昆明城远眺西山，犹如一位少女仰卧在滇池岸边，她的头、胸、腹、腿曲线优美，一头青丝垂散于滇池之中，显得妩媚动人，"睡美人山"的名号就是这样得来的。传说西山是一个王国的公主，有一天公主上街看到一位俊俏的后生，随即与后生结为夫妇。后来国王不满后生的平民身份，用计将后生害死，公主得知真相后，痛哭流涕，眼泪化作了滇池，她本人也化作西山，永远守护着自己的丈夫。

西山美景众多，主要有华亭寺、太华寺、三清阁、

龙门、聂耳墓、普贤寺等景点。

华亭寺创建于14世纪，位于2500米高山之间，是昆明著名的佛教圣地。寺内花草树木繁盛，香气袭人。望海楼是观看滇池日出的最佳景点，由此下望，百丈悬崖峭壁皆在一目之间，举目远眺，滇池美景尽数收于眼底。

太华寺位于西山最高峰太华山的半山腰处，始建于元代。太华寺以花木繁茂著称，寺内名花争奇斗艳，以山茶花和玉兰花花景为最。在太华寺观日出，气象万千；入夜俯视昆明万家灯火，滇池在灯光中被映照得波光点点。

陡峭的山壁间，若隐若现一组琼楼玉宇般的建筑——三清阁。它由灵官殿、老君殿等9层11座木质建筑组成。飞云阁

中有一副对联是这么描绘三清阁的美景的：半壁起危楼，岭
恕工，海如镜，舟如叶，城廓村落如画，况四时风月，朝暮
晴阴，试问古今游人，谁领略万千气象；九秋临绝顶，洞有
云，崖有泉，松有涛，花鸟林壑有情，忆八载星霜，关河奔
走，难得栖迟故里，来啸傲金碧湖山。

　　西山风景区最终端是龙门石窟，它北起三清阁，南至达
天阁，是云南省最大、保存最完善的道教石窟。龙门石窟的景
色以"奇、险、幽、绝"取胜，在国内外有很高的名誉，在云
南，有"不耍西山未到昆明，不到龙门没去西山"一说。